FABRICATION DES ÉTOFFES

TRAITÉ DU TRAVAIL
DES LAINES PEIGNÉES

DE L'ALPAGA, DU POIL DE CHÈVRE
DU CACHEMIRE, ETC.

Notions historiques — Épuration
Préparations — Peignage — Filature — Retordage et moulinage des fils
Tissage, apprêt et blanchiment des étoffes rases et façonnées
Établissement d'une usine et des prix de revient

PAR Mr ALCAN
INGÉNIEUR
PROFESSEUR DE FILATURE ET DE TISSAGE AU CONSERVATOIRE NATIONAL DES ARTS ET MÉTIERS
ANCIEN PRÉSIDENT DE LA SOCIÉTÉ DES INGÉNIEURS CIVILS DE FRANCE
MEMBRE DU COMITÉ CONSULTATIF DES ARTS ET MANUFACTURES, DU CONSEIL DE LA SOCIÉTÉ D'ENCOURAGEMENT POUR L'INDUSTRIE NATIONALE
ET DES PRINCIPALES SOCIÉTÉS SCIENTIFIQUES ET INDUSTRIELLES, ETC.

ATLAS

PARIS
LIBRAIRIE POLYTECHNIQUE DE J. BAUDRY, ÉDITEUR
RUE DES SAINTS-PÈRES, 15
LIÉGE, MÊME MAISON
—
1873

TABLE DES PLANCHES

PARIS. — TYPOGRAPHIE [illegible], RUE [illegible], 7.

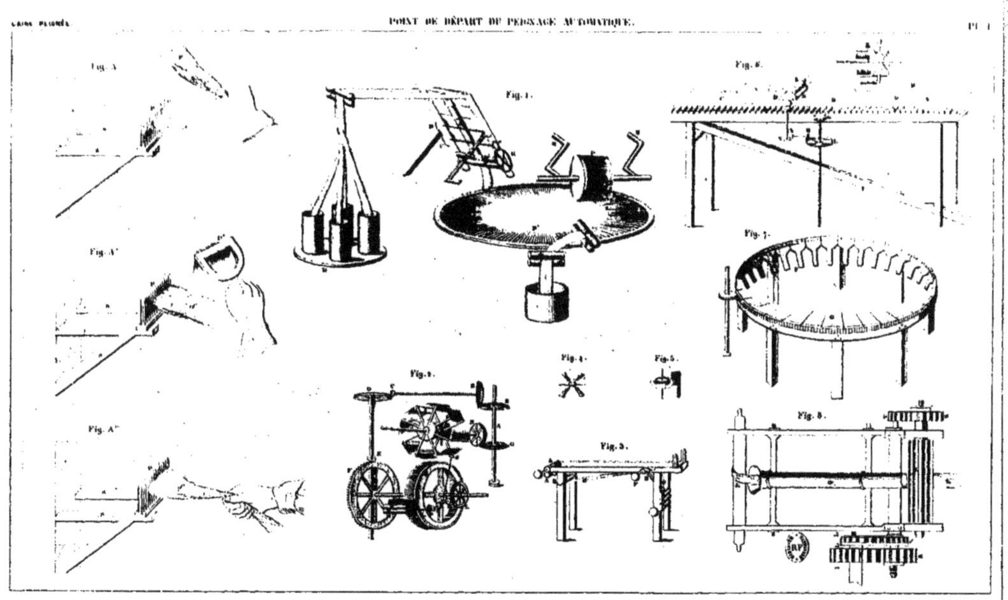
LAINE PEIGNÉE.
POINT DE DÉPART DU PEIGNAGE AUTOMATIQUE.
Pl. 1
Fig. A
Fig. 1.
Fig. 6.
Fig. 7.
Fig. 4.
Fig. 5.
Fig. 2.
Fig. 3.
Fig. 8.

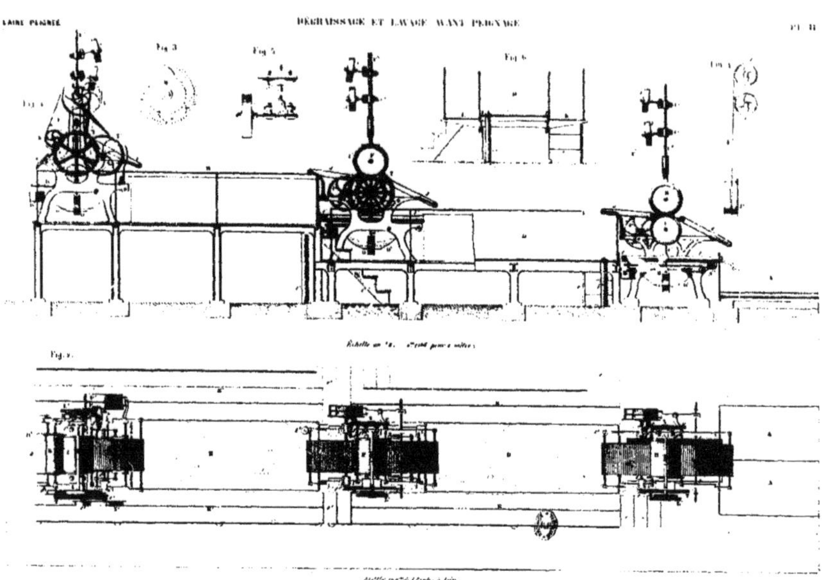

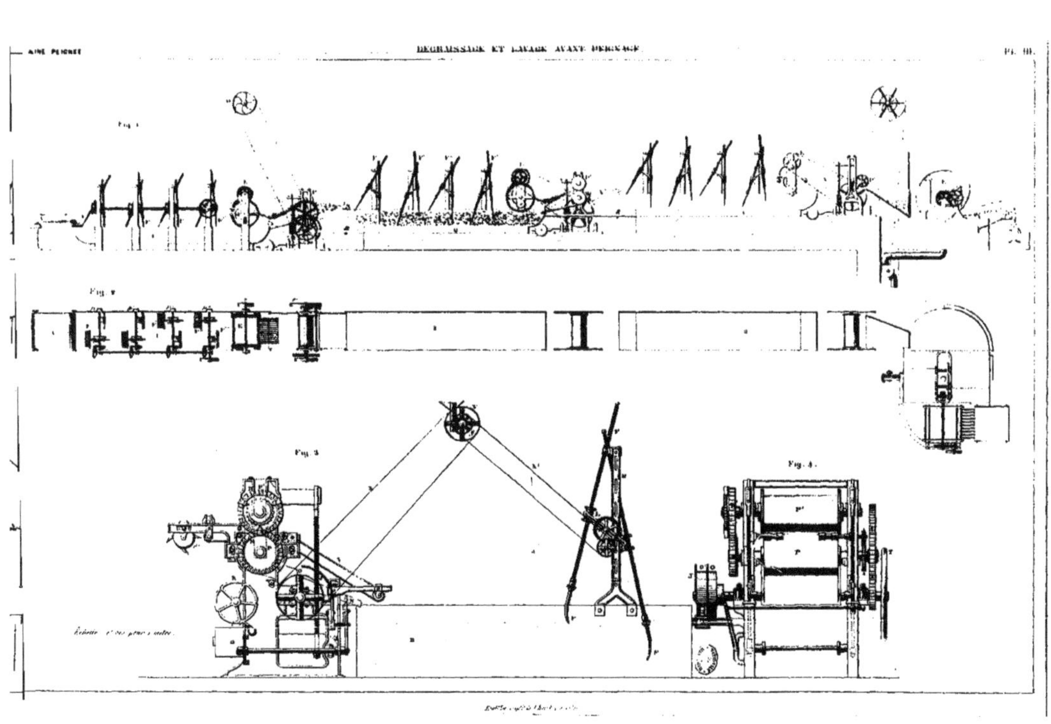
Fig. 1
Fig. 2
Fig. 3
Fig. 4

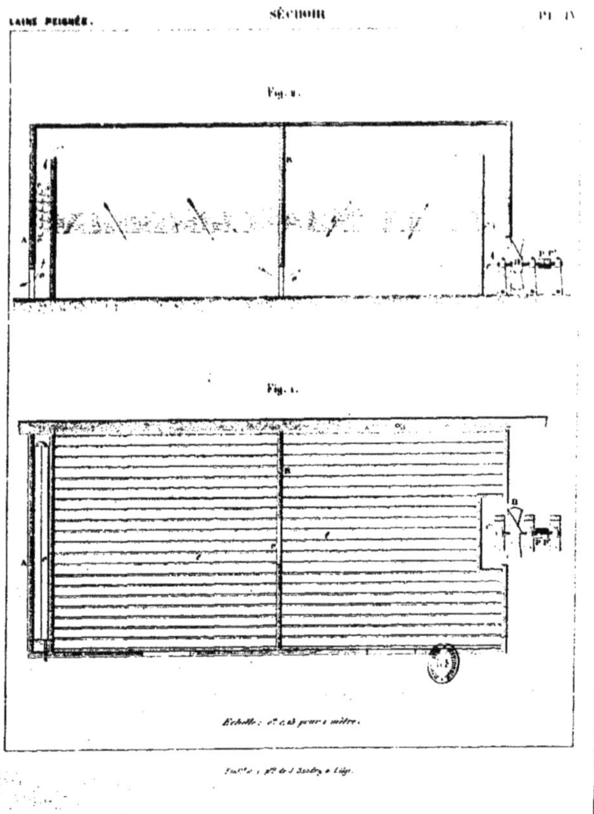

Echelle : 0m 0,03 pour 1 mètre.

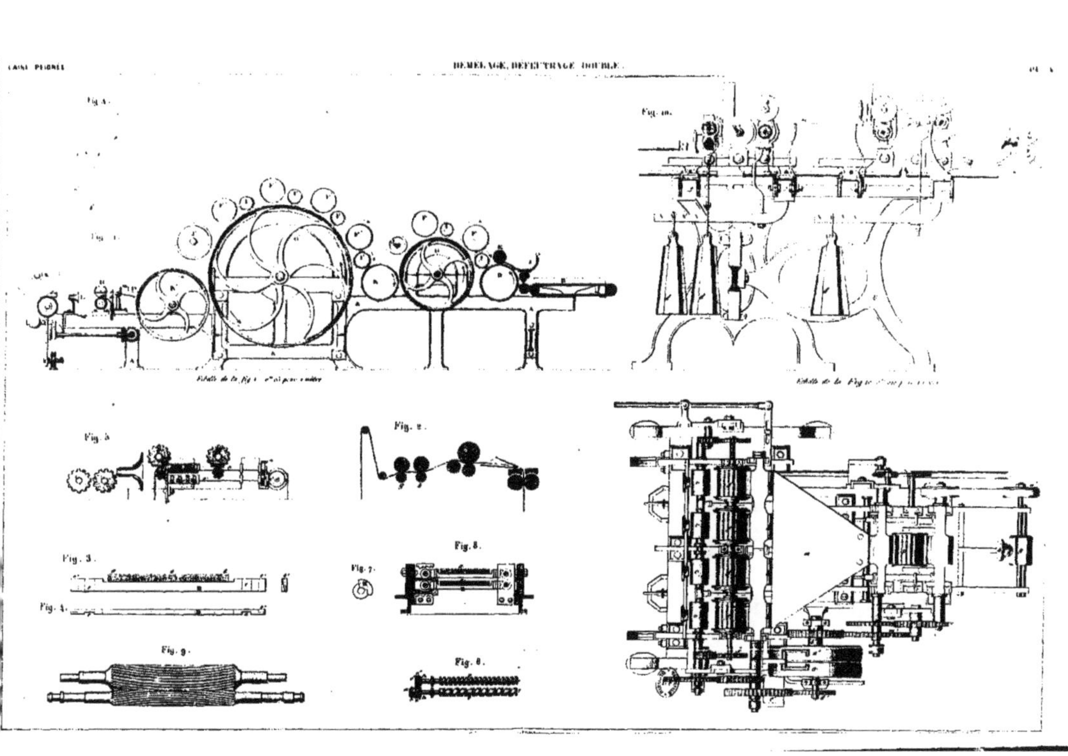
DÉMÊLAGE, DÉFEUTRAGE DOUBLE.
Fig. 10.
Fig. 5.
Fig. 2.
Fig. 3.
Fig. 4.
Fig. 7.
Fig. 8.
Fig. 9.
Fig. 6.

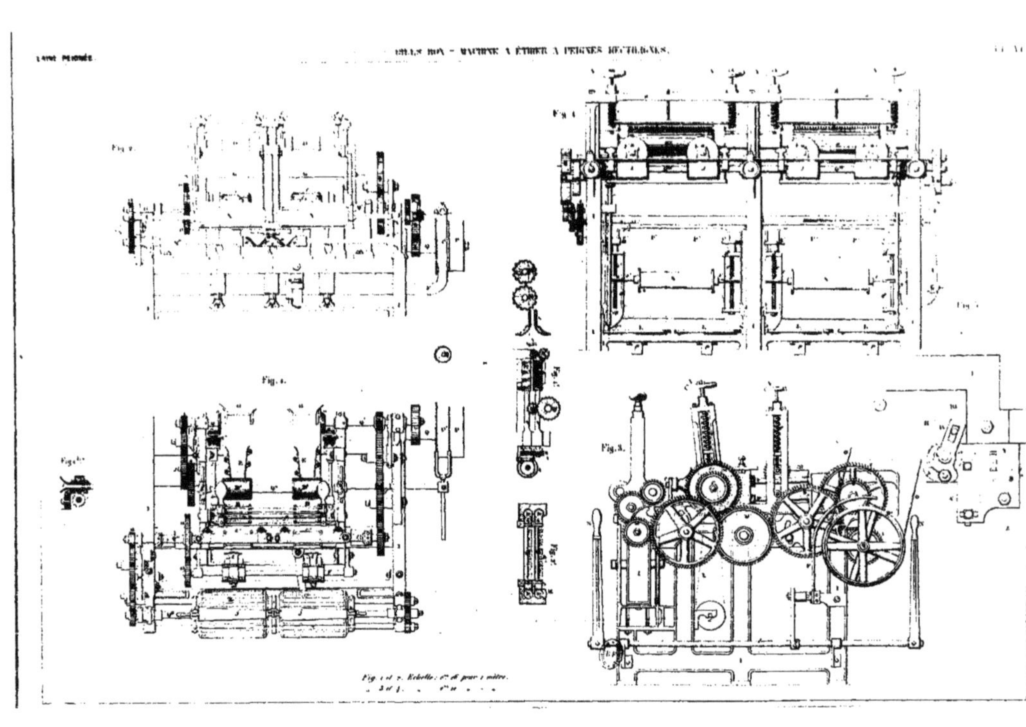

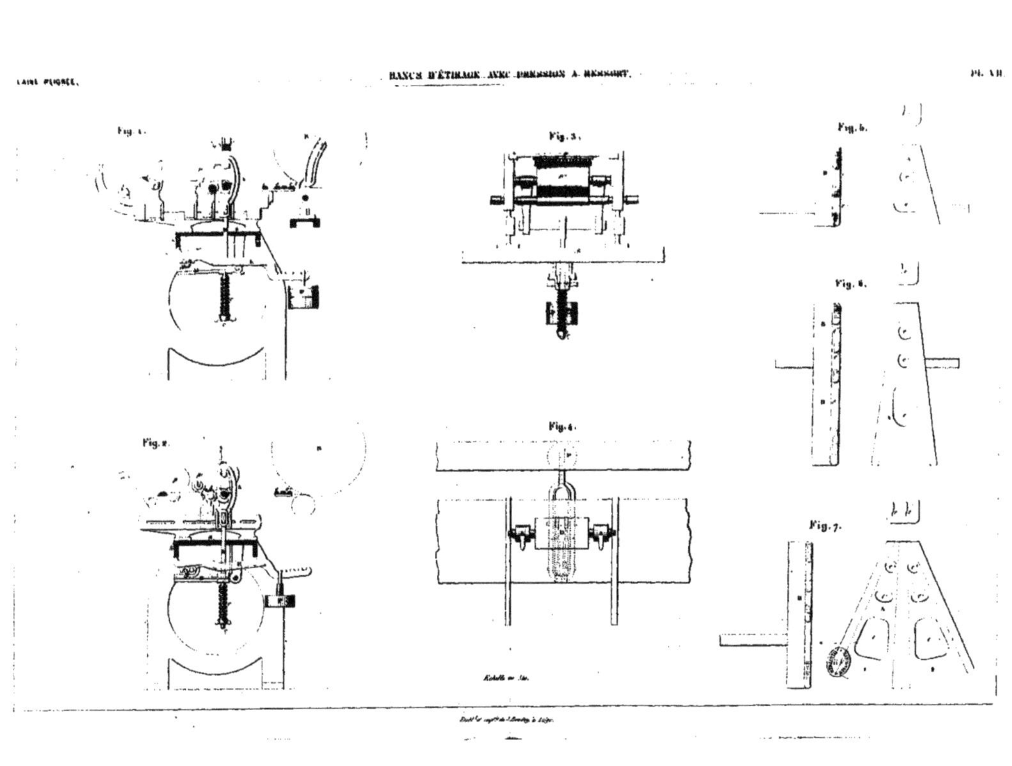
Fig. 1.
Fig. 2.
Fig. 3.
Fig. 4.
Fig. 5.
Fig. 6.
Fig. 7.

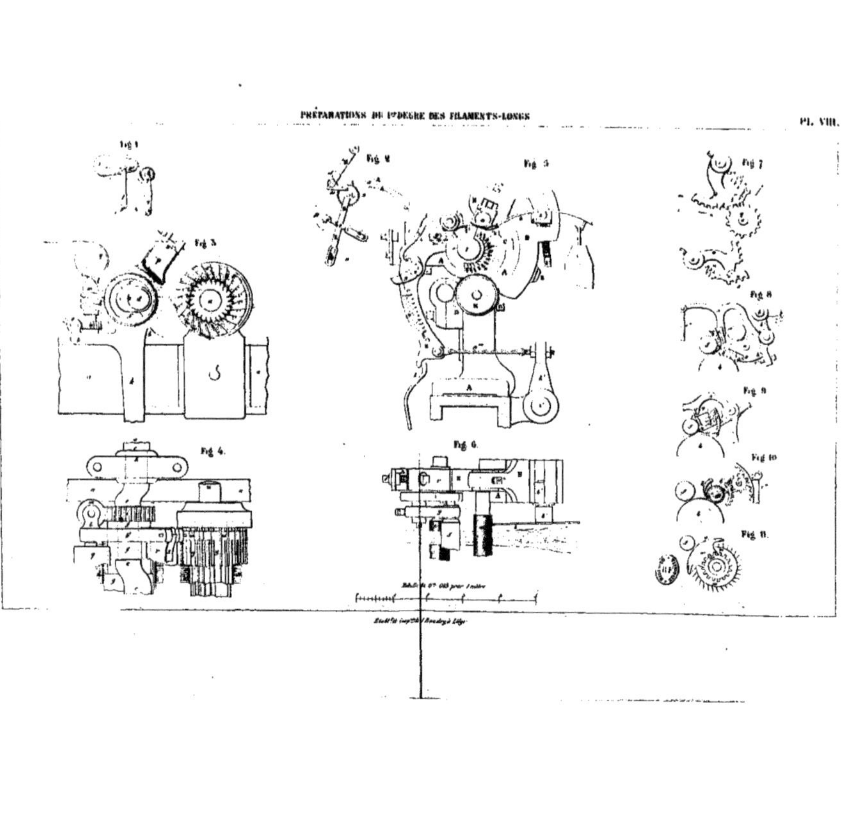
PRÉPARATIONS DU 1er DEGRÉ DES FILAMENTS-LONGS
Pl. VIII.
Fig. 1
Fig. 2
Fig. 3
Fig. 4.
Fig. 5
Fig. 6.
Fig. 7
Fig. 8
Fig. 9
Fig. 10
Fig. 11.

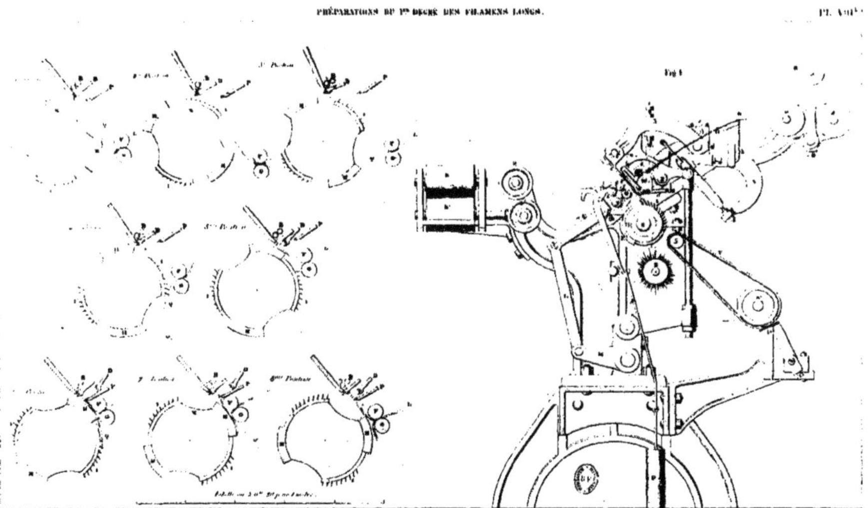

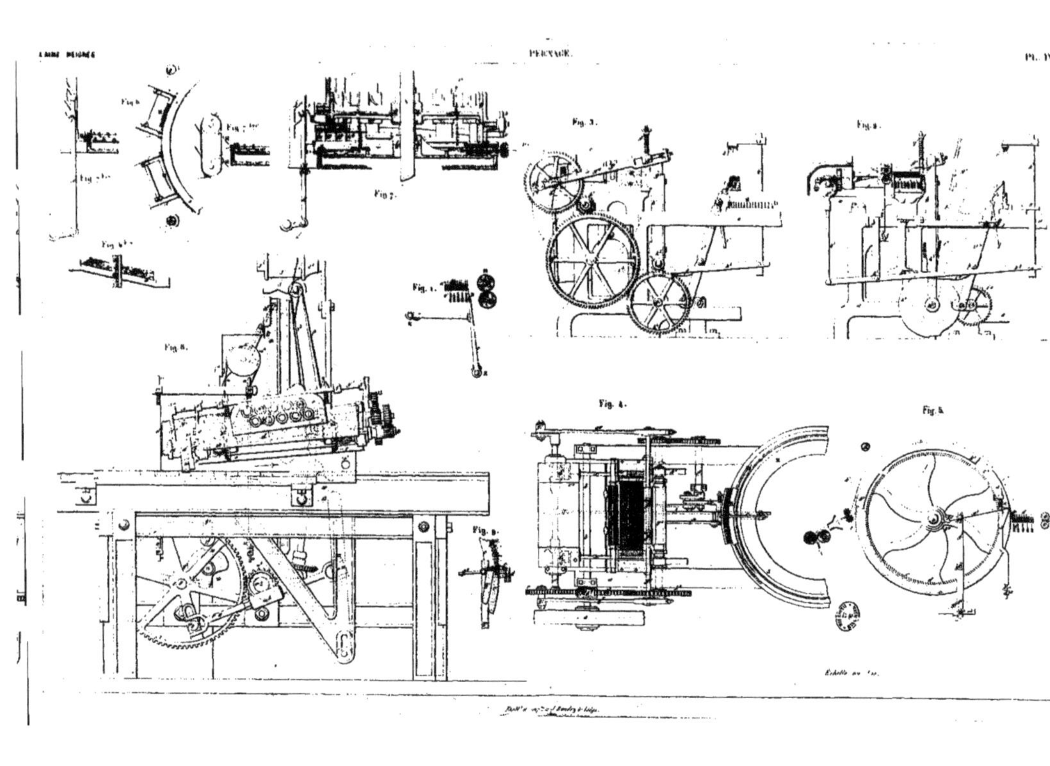
Fig. 1.
Fig. 2.
Fig. 3.
Fig. 4.
Fig. 5.
Fig. 8.
Fig. 9.

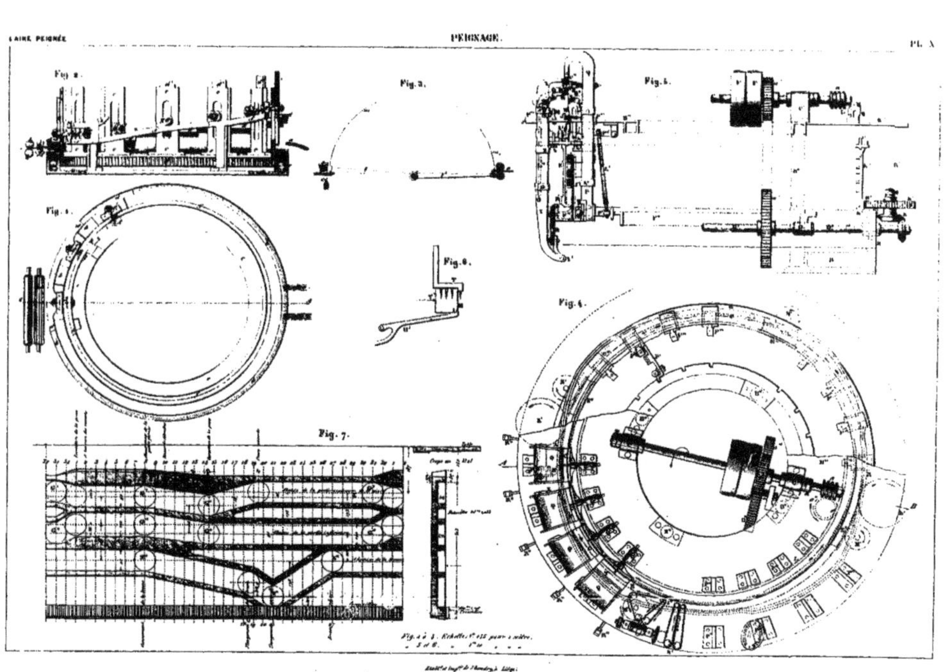
Fig. 1.
Fig. 2.
Fig. 3.
Fig. 4.
Fig. 5.
Fig. 6.
Fig. 7.

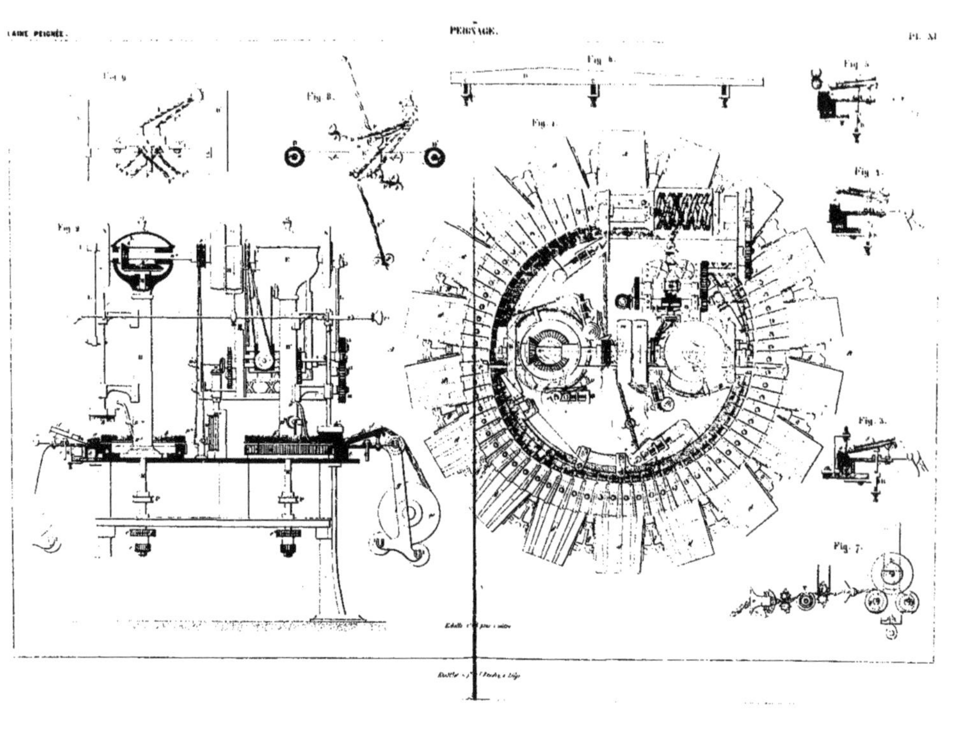
LAINE PEIGNÉE.
PEIGNAGE.
Pl. XI
Fig. 8.
Fig. 6.
Fig. 1.
Fig. 3.
Fig. 7.

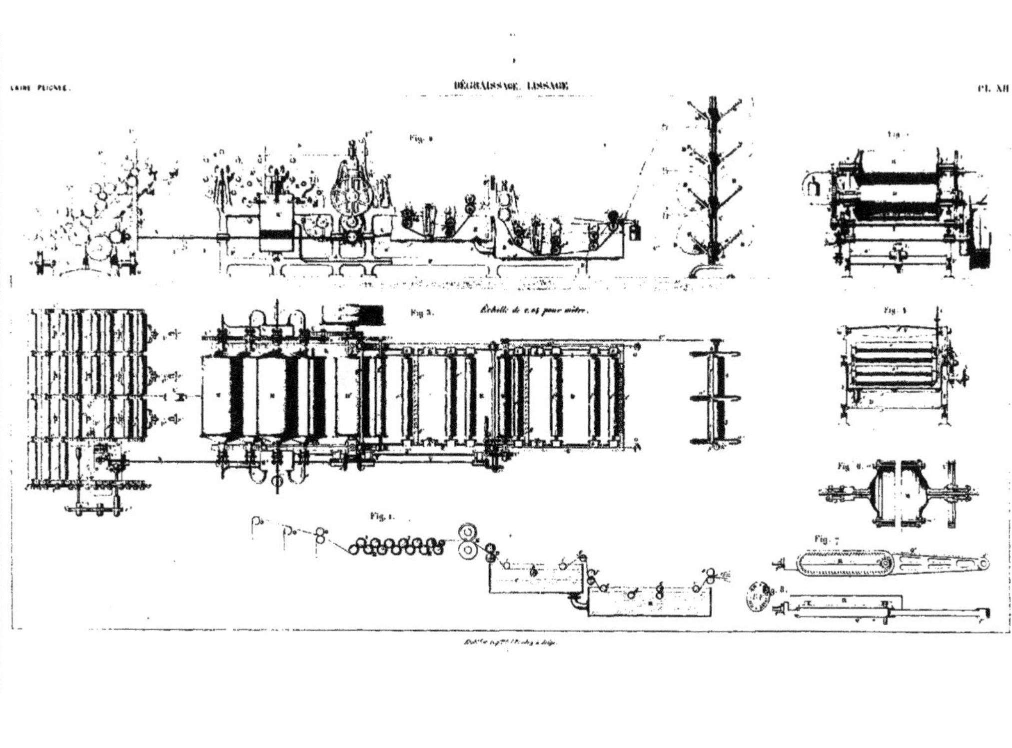
LAINE PEIGNÉE.
DÉGRAISSAGE, LISSAGE
Pl. XII
Fig. 3.
Échelle de 0,05 pour mètre.
Fig. 1.
Fig. 6.
Fig. 7
Fig. 8.

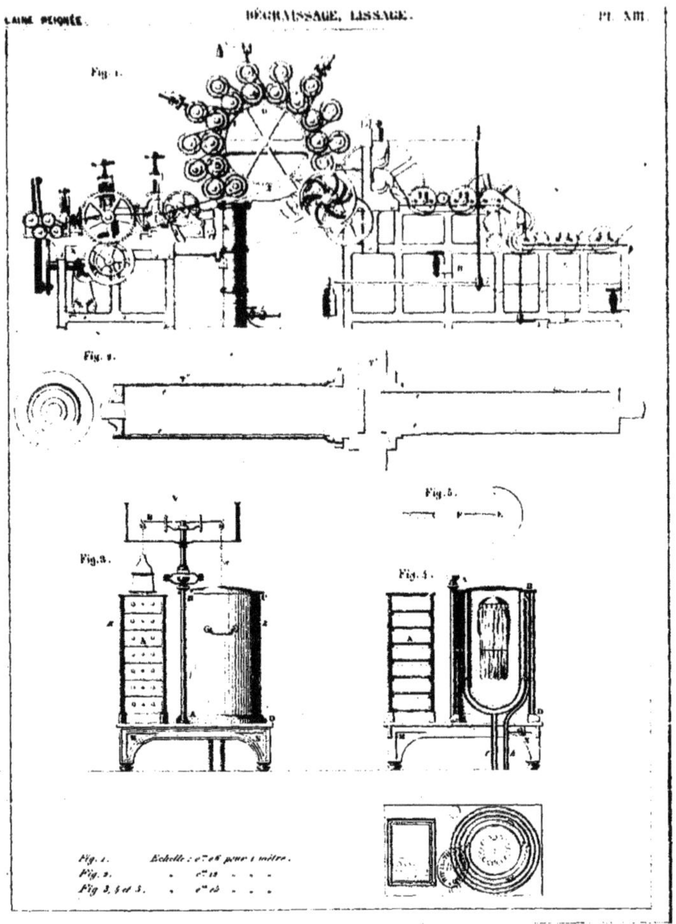
Fig. 1.
Fig. 2.
Fig. 3.
Fig. 4.
Fig. 5.
Fig. 1. Echelle : pour 1 mètre.
Fig. 2.
Fig 3, 4 et 5.

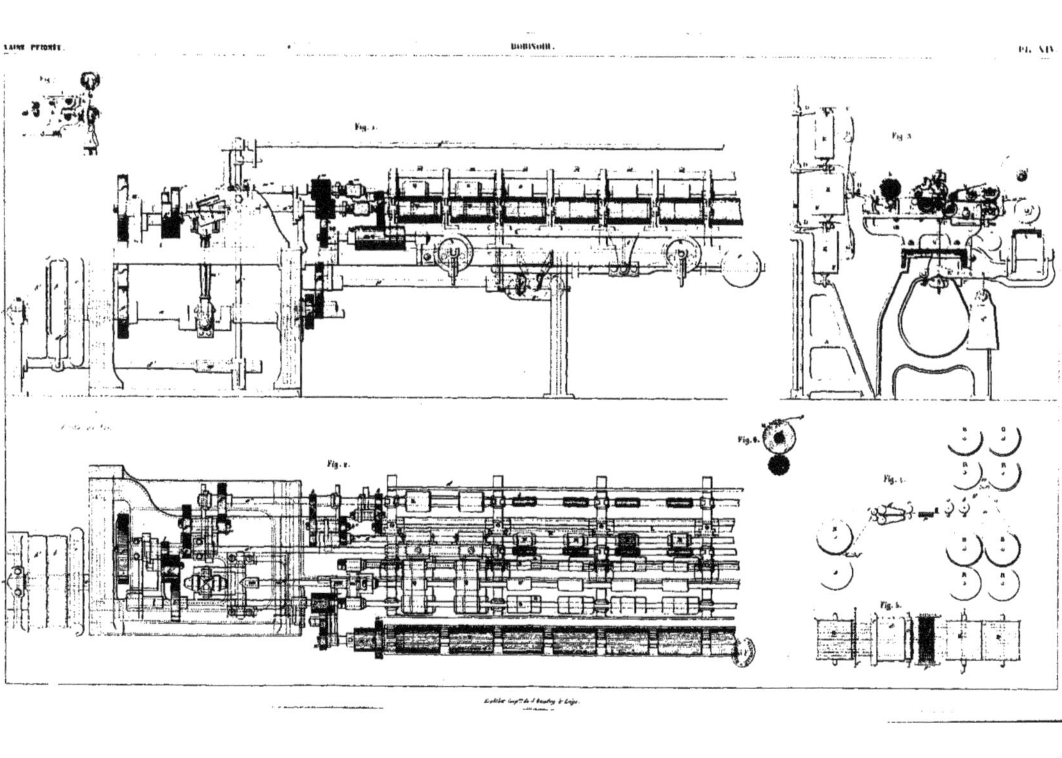
Fig. 1.
Fig. 2.
Fig. 3.
Fig. 4.
Fig. 5.
Fig. 6.

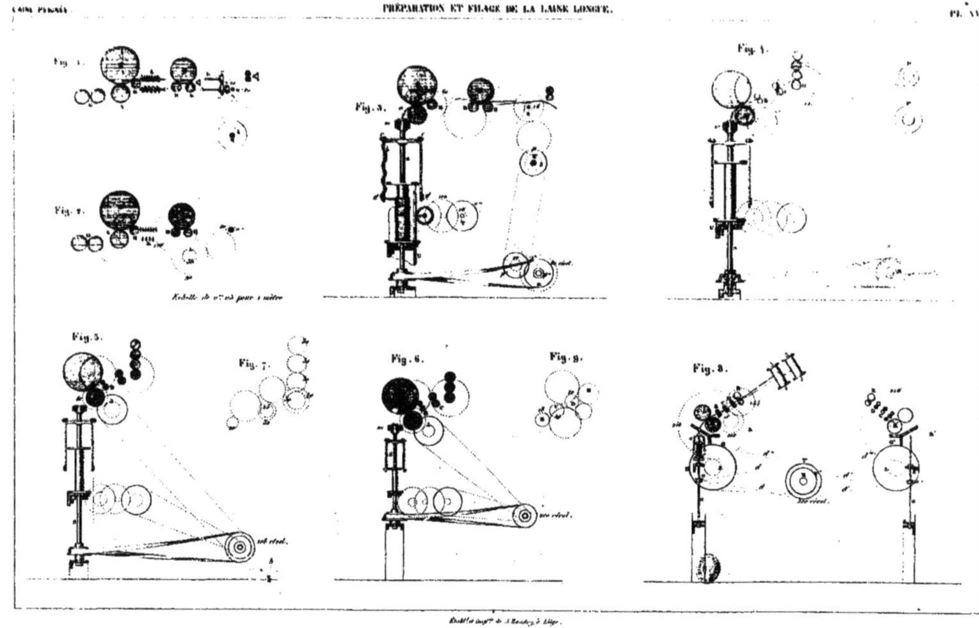
Fig. 1.
Fig. 2.
Fig. 3.
Fig. 4.
Fig. 5.
Fig. 6.
Fig. 7.
Fig. 8.
Fig. 9.

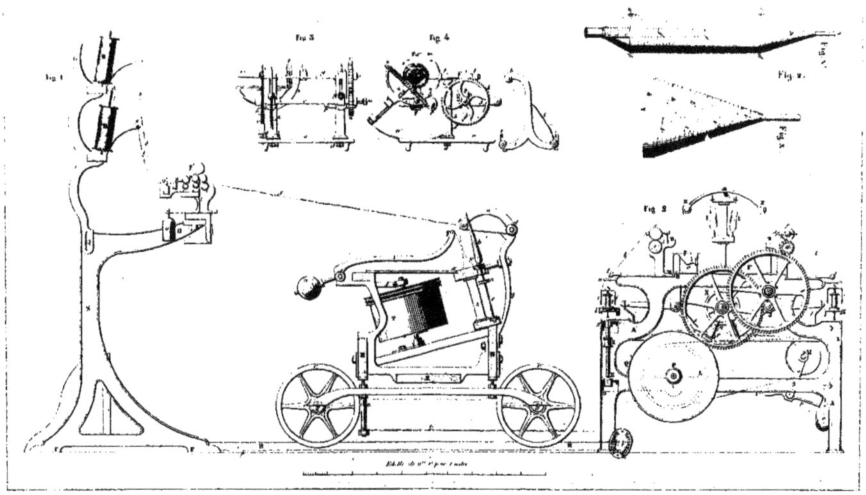

Fig. 1

Fig. 3

Fig. 4

Fig. 2.

Fig. 3

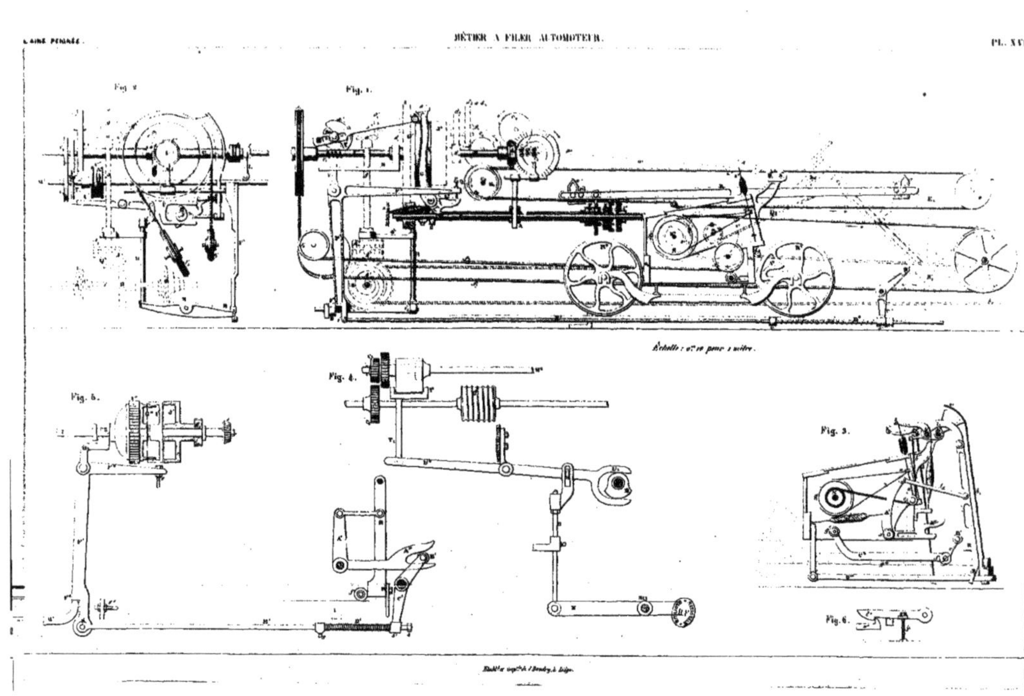
LAINE PEIGNÉE.
MÉTIER A FILER AUTOMOTEUR.
PL. XVII.
Fig. 1.
Fig. 2.
Fig. 3.
Fig. 4.
Fig. 5.
Fig. 6.
Échelle : 0m,10 pour 1 mètre.

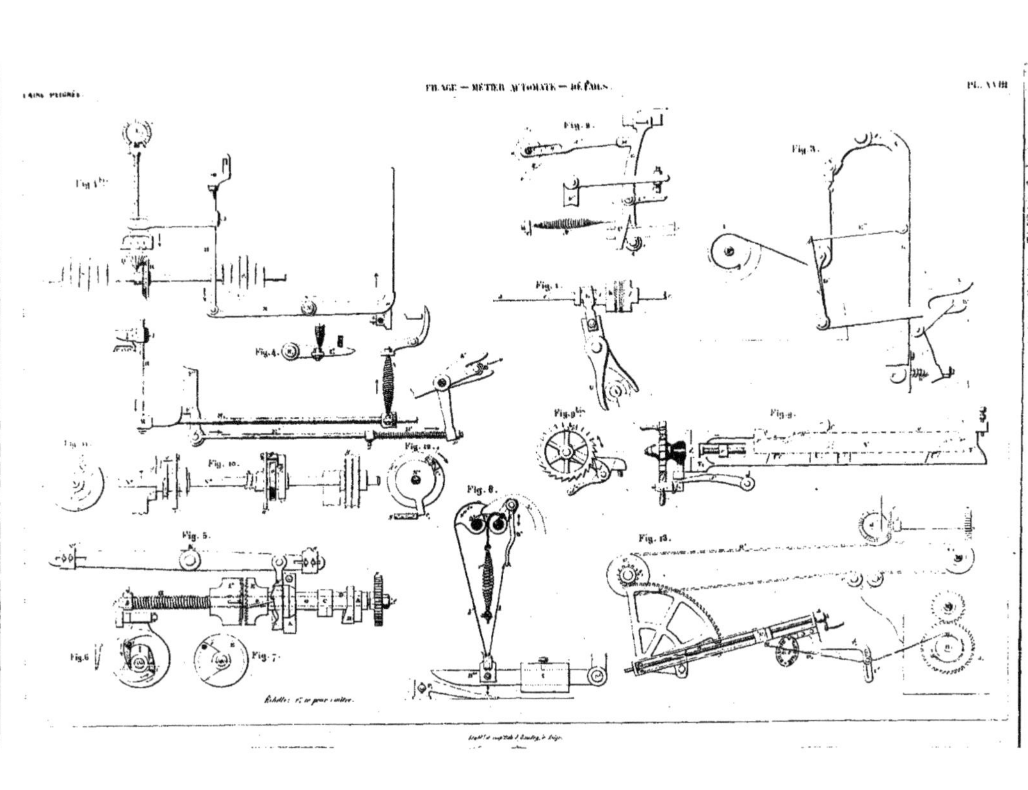
Fig. 3.
Fig. 4.
Fig. 5.
Fig. 6
Fig. 7.
Fig. 8.
Fig. 10.
Fig. 13.

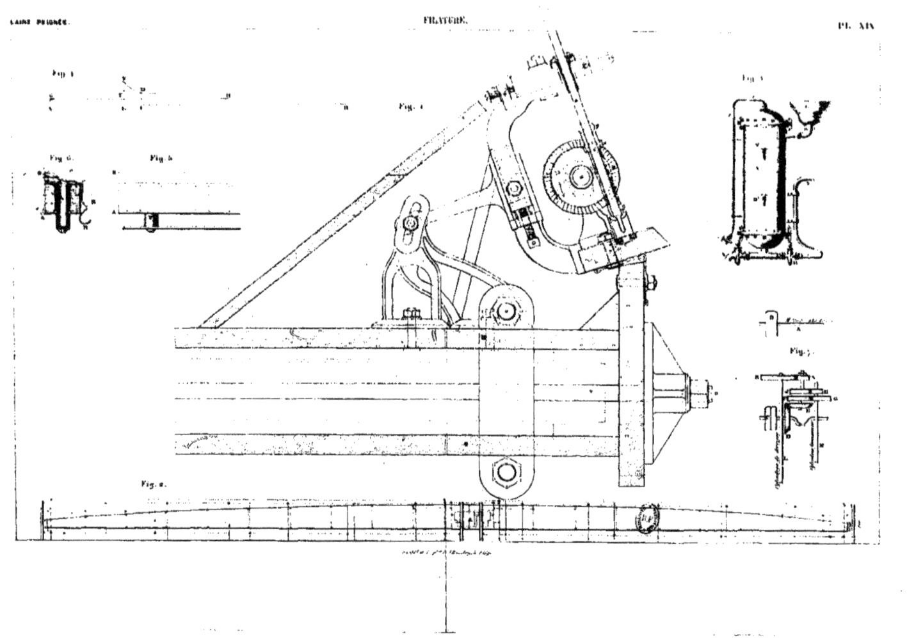

MÉTIER À RETORDRE

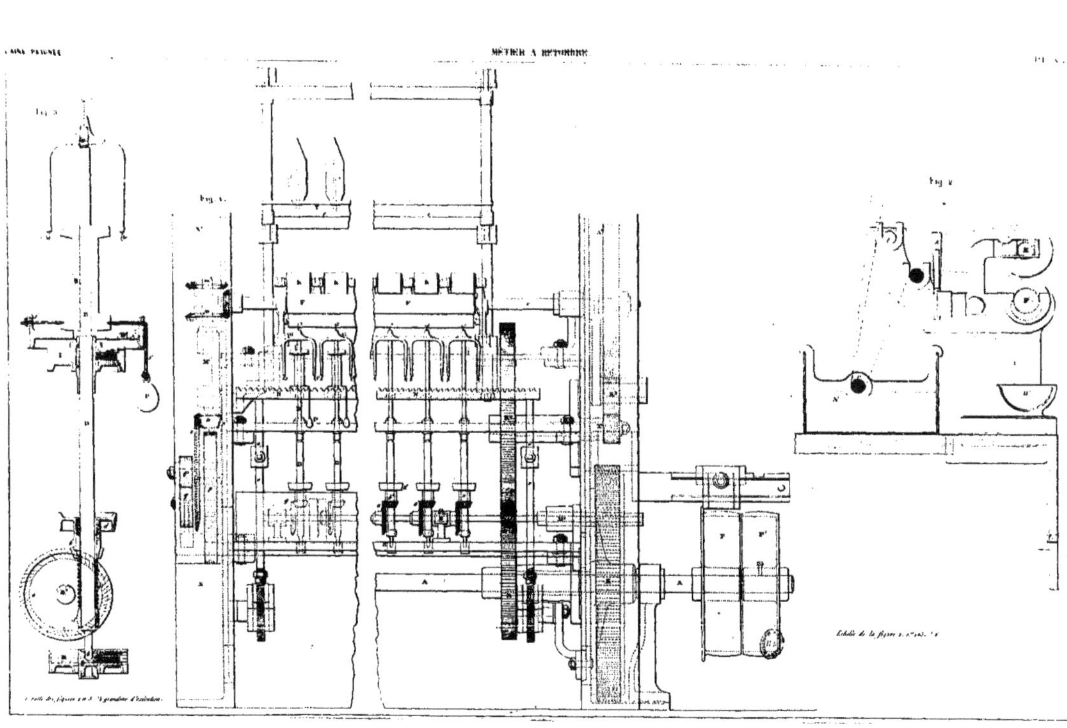

MÉTIER A RETORDRE.

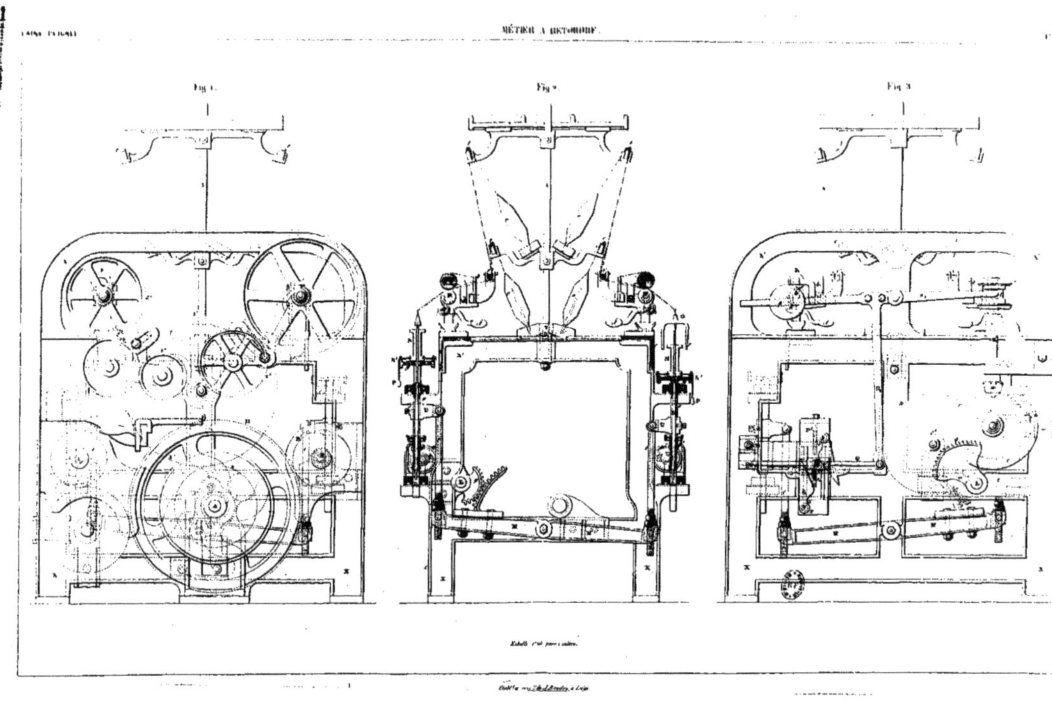

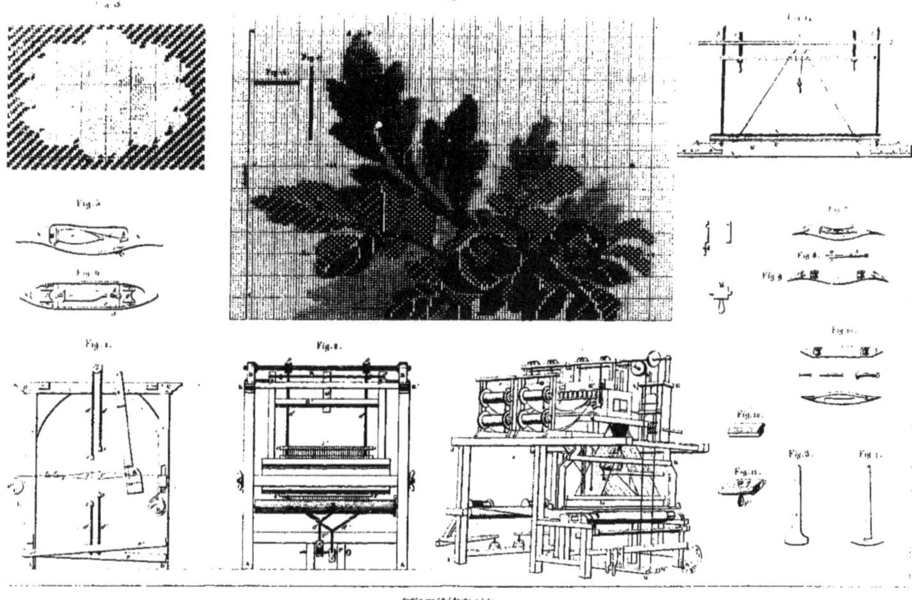
Fig. 5
Fig. 6
Fig. 1
Fig. 2
Fig. 8
Fig. 9
Fig. 3

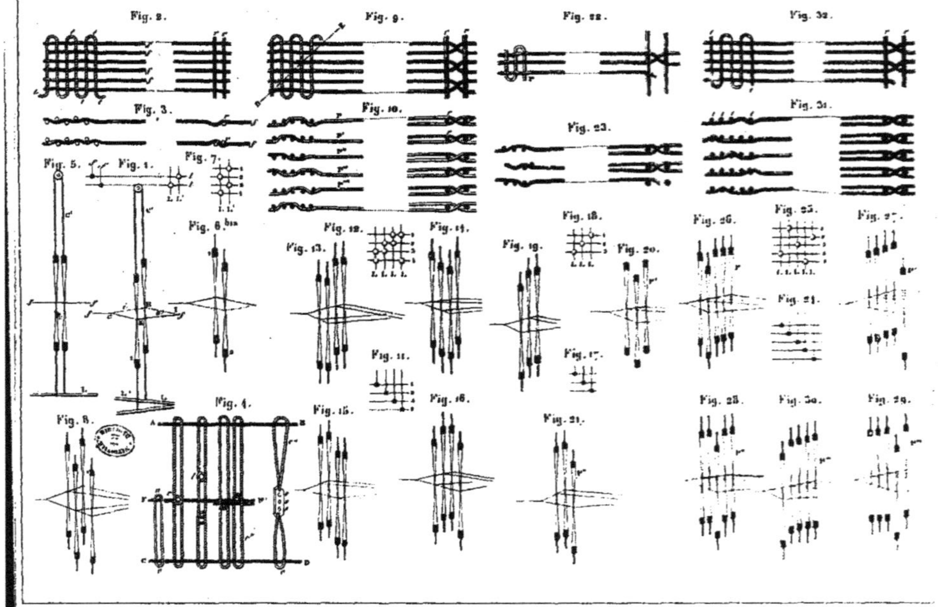

Fig. 2. Fig. 9. Fig. 22. Fig. 32.

Fig. 3. Fig. 10. Fig. 23. Fig. 31.

Fig. 5. Fig. 1. Fig. 7. Fig. 6 bis. Fig. 12. Fig. 13. Fig. 14. Fig. 19. Fig. 18. Fig. 20. Fig. 26. Fig. 25. Fig. 24. Fig. 27.

Fig. 11. Fig. 17.

Fig. 8. Fig. 4. Fig. 15. Fig. 16. Fig. 21. Fig. 28. Fig. 30. Fig. 29.

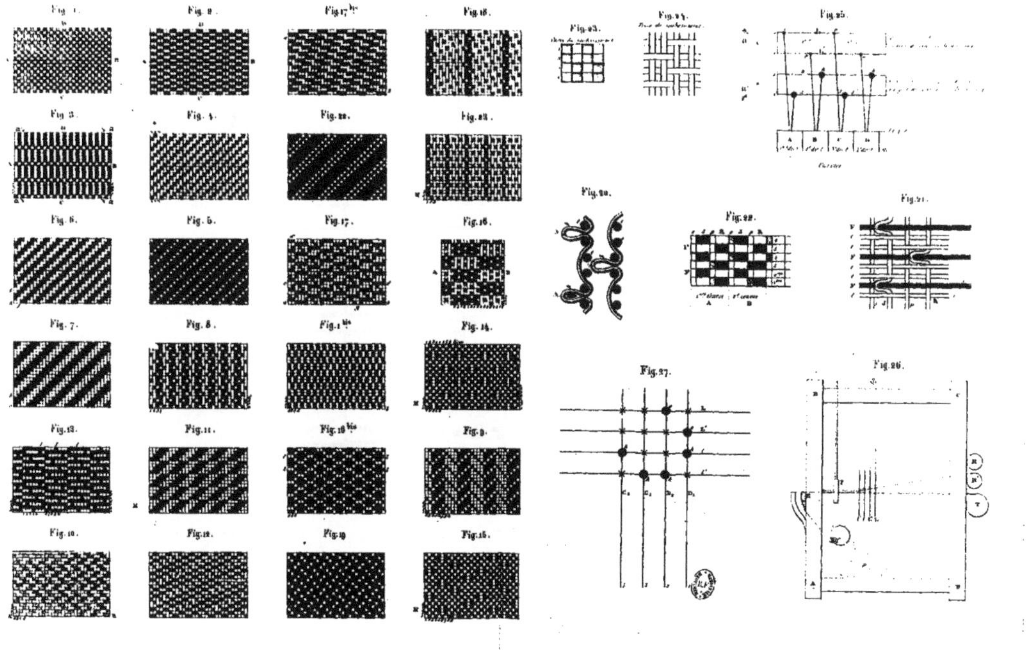

Fig. 1. Fig. 2. Fig. 17 bis Fig. 18.

Fig. 3. Fig. 4. Fig. 22. Fig. 23.

Fig. 6. Fig. 5. Fig. 17. Fig. 16.

Fig. 7. Fig. 8. Fig. 1 bis Fig. 14.

Fig. 13. Fig. 11. Fig. 18 bis Fig. 9.

Fig. 10. Fig. 12. Fig. 19 Fig. 15.

Fig. 23. Fig. 24. Fig. 25.

Fig. 20. Fig. 22. Fig. 21.

Fig. 27. Fig. 26.

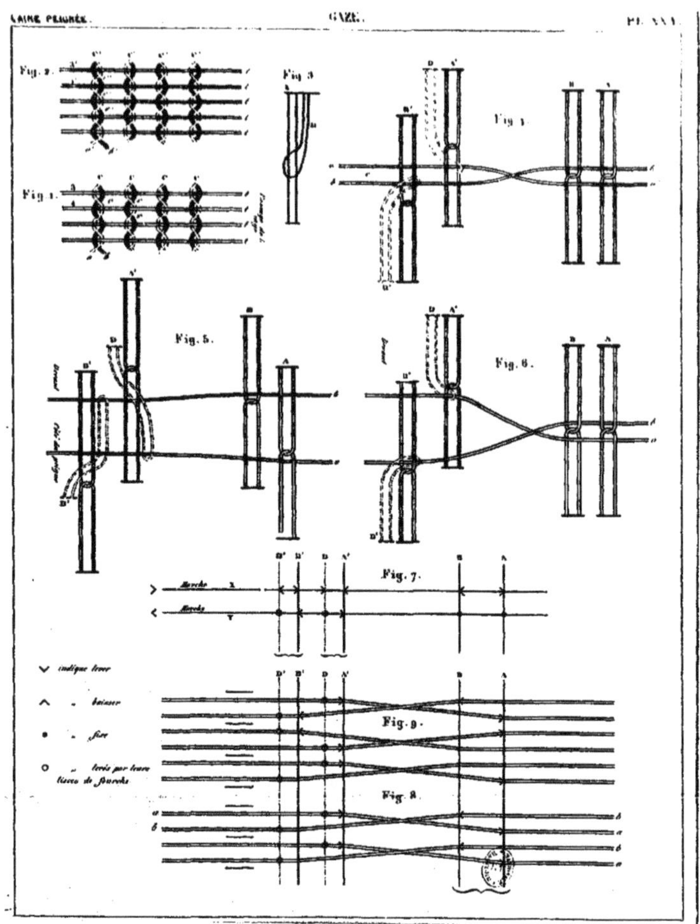
Fig. 1.
Fig. 2.
Fig. 3
Fig. 4.
Fig. 5.
Fig. 6.
Fig. 7.
Fig. 8.
Fig. 9.
indique lever
" baisser
" fixe
" levés par leurs lisses de fourche

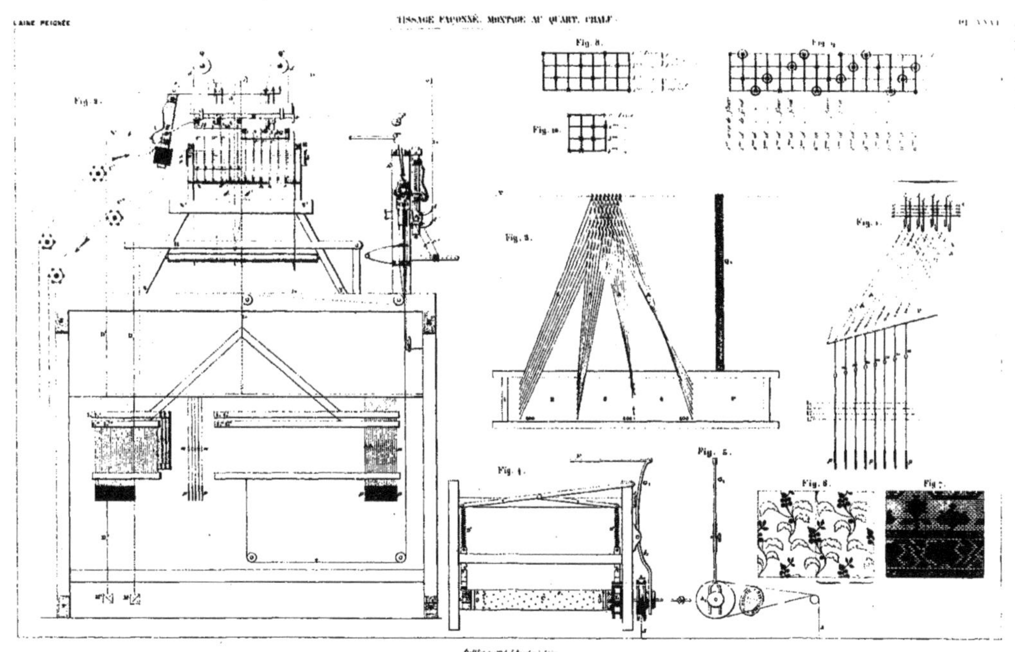
Fig. 1.
Fig. 2.
Fig. 3.
Fig. 4.
Fig. 5.
Fig. 6.
Fig. 7.
Fig. 8.
Fig. 9.
Fig. 10.

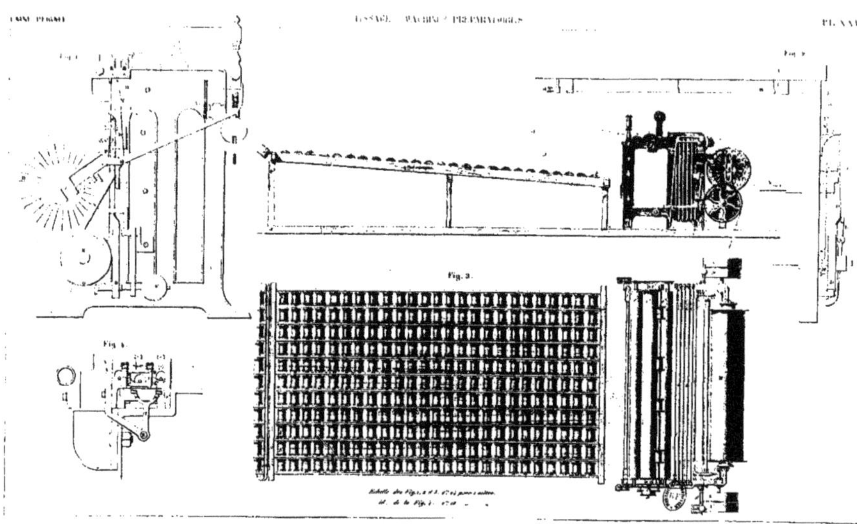

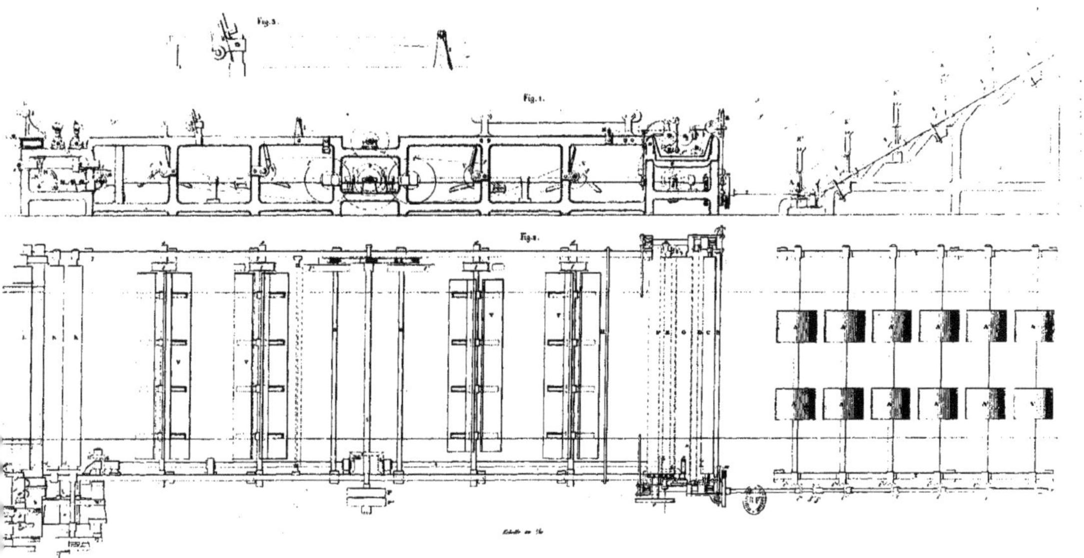
Fig. 3.
Fig. 1.
Fig. 2.

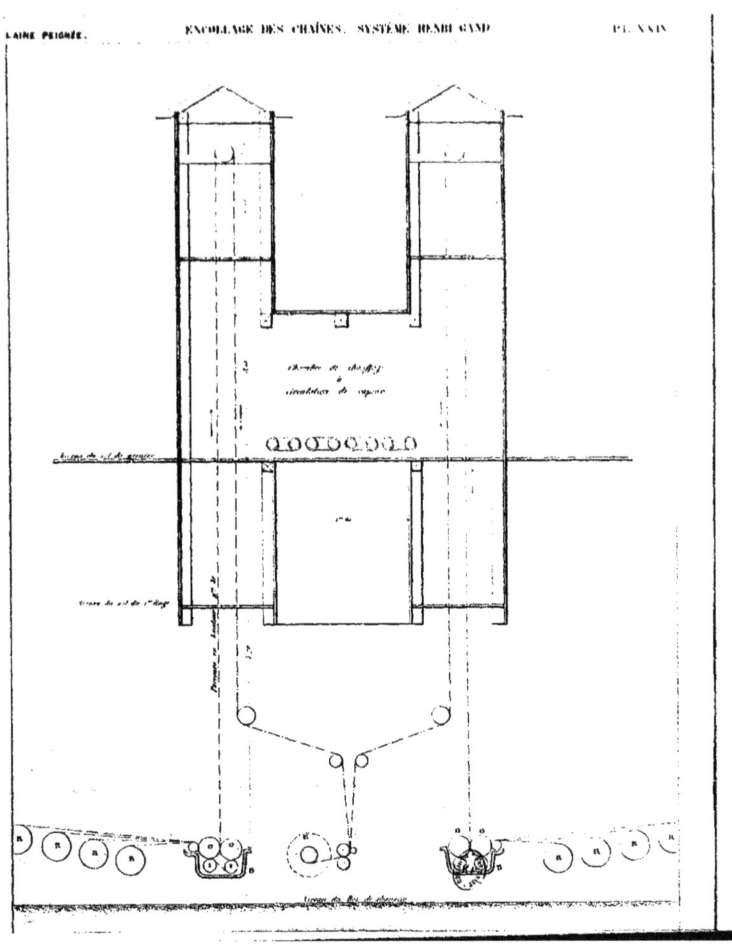
LAINE PEIGNÉE.
ENCOLLAGE DES CHAÎNES. SYSTÈME HENRI GAND
PL. XXIX

LAINE PEIGNÉE. — ENCOLLAGE DES CHAINES AUX SUBSTANCES VÉGÉTALES. — PL. XXX

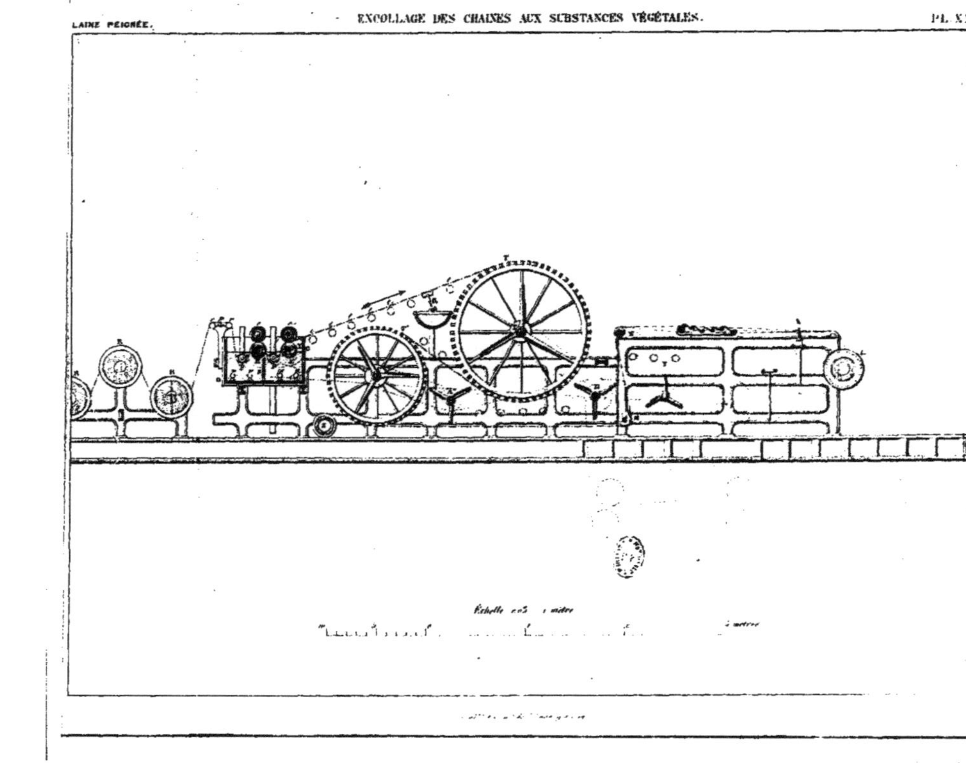

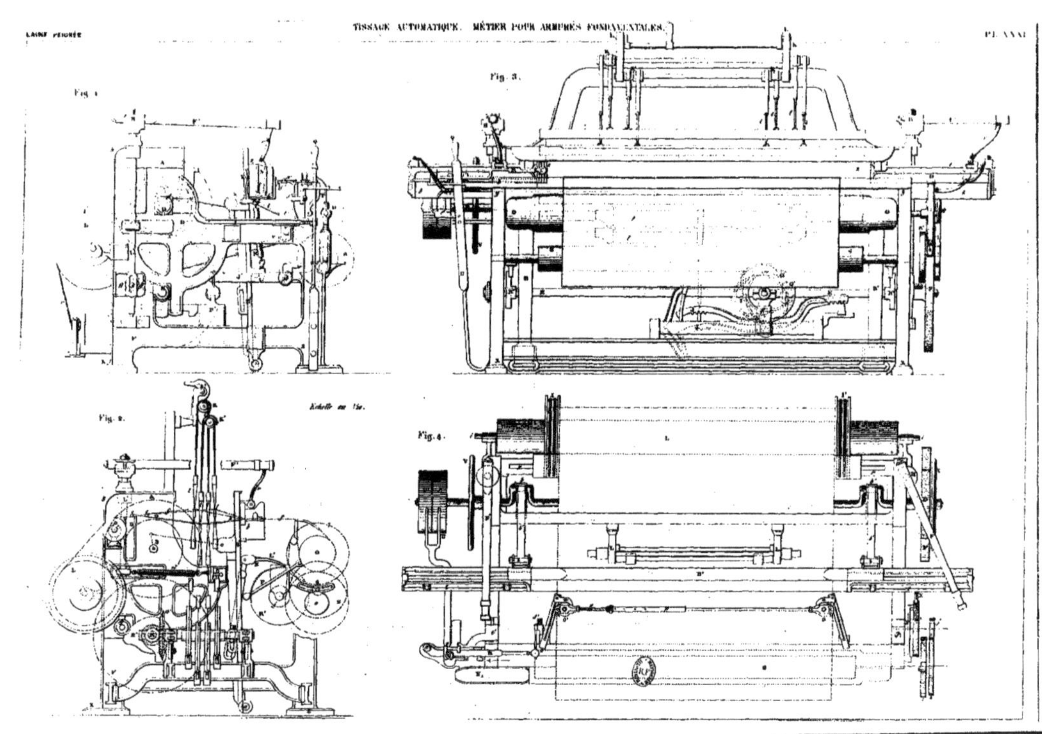
Fig. 1
Fig. 2
Fig. 3
Fig. 4

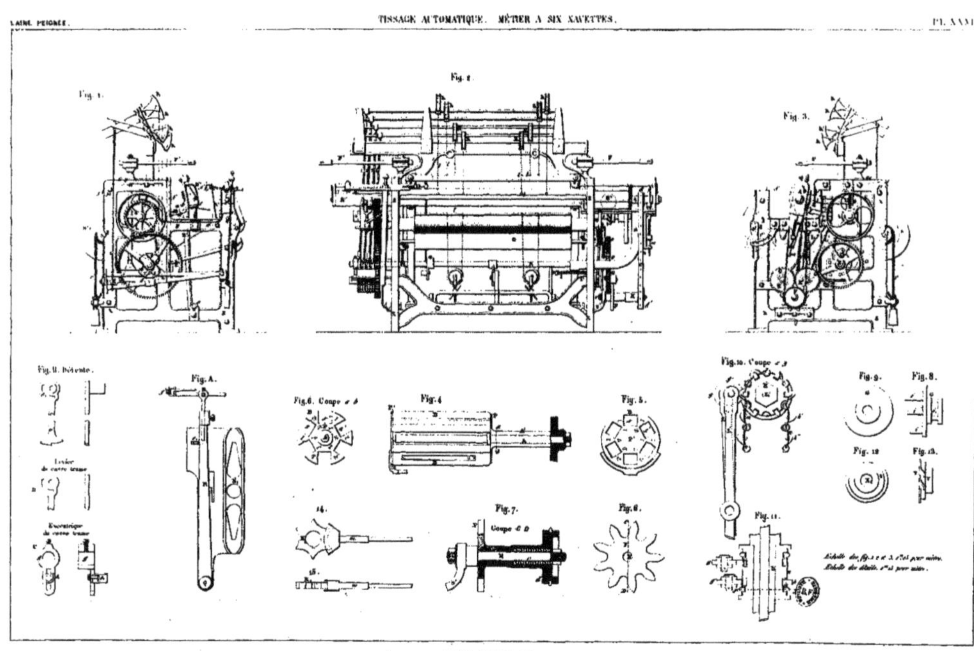
Fig. 1.
Fig. 2.
Fig. 3.
Fig. B. Détente.
Levier de casse trame
Excentrique de casse trame
Fig. A.
Fig. 6. Coupe a b
Fig. 4
Fig. 5.
Fig. 10. Coupe e f
Fig. 9.
Fig. 8.
Fig. 12
Fig. 13.
14.
15.
Fig. 7.
Coupe C D
Fig. 6.
Fig. 11.

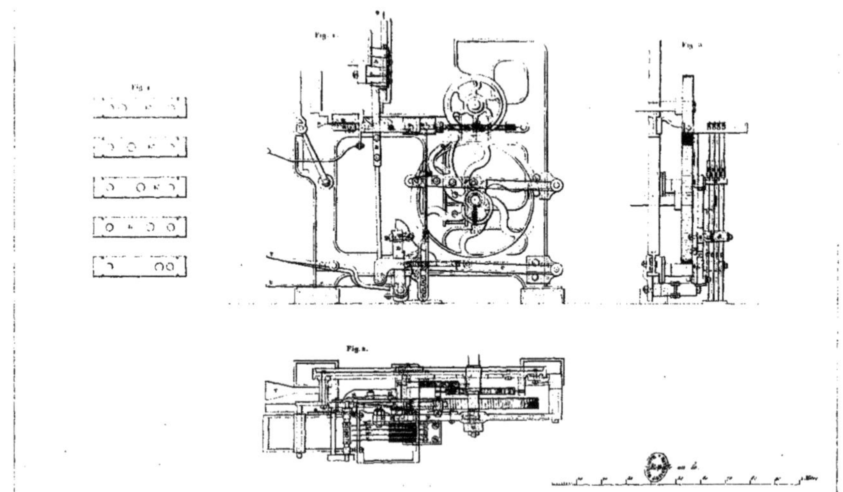

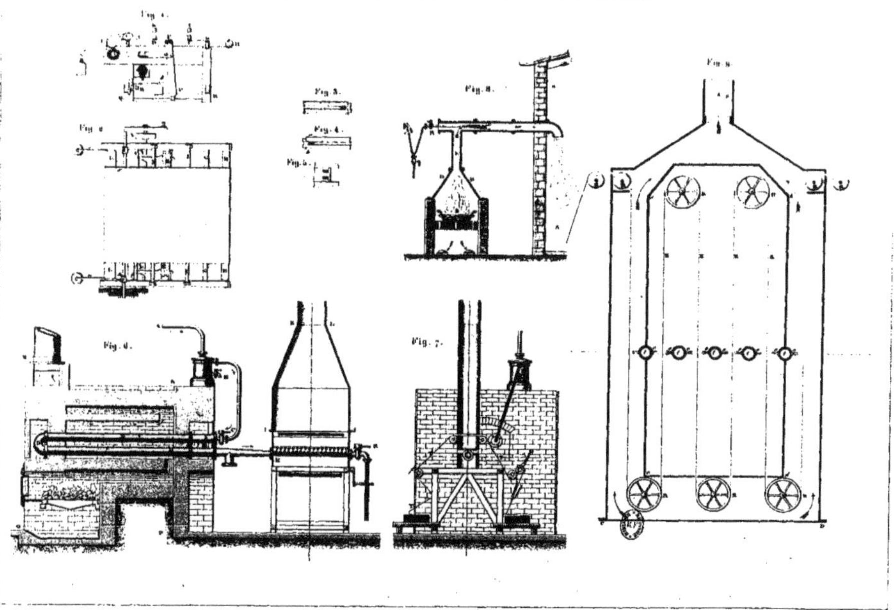
Fig. 3.
Fig. 4.
Fig. 5.
Fig. 6.
Fig. 7.
Fig. 8.

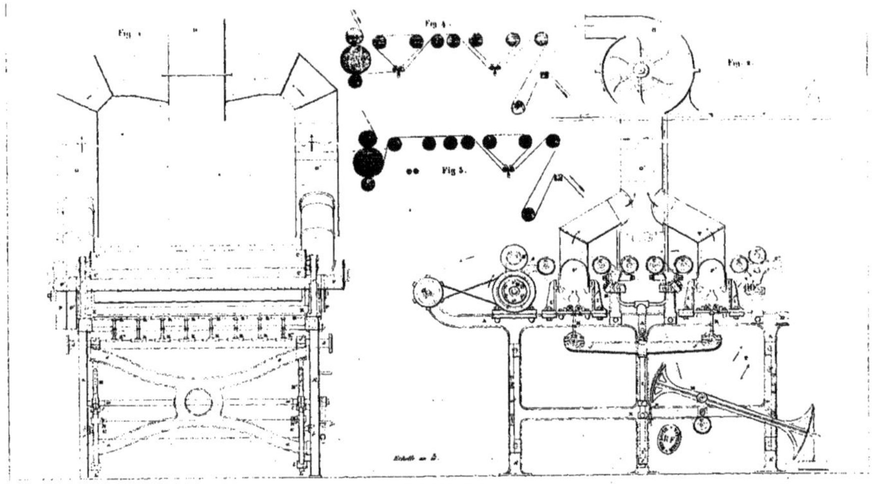

Fig. 1

Fig. 4.

Fig. 5.

Fig. 2.

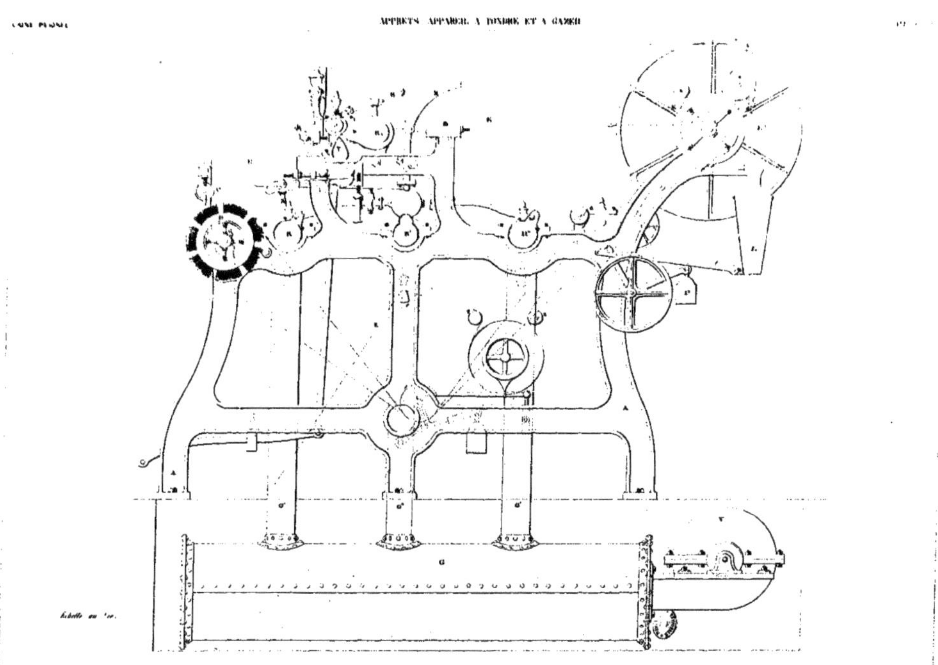

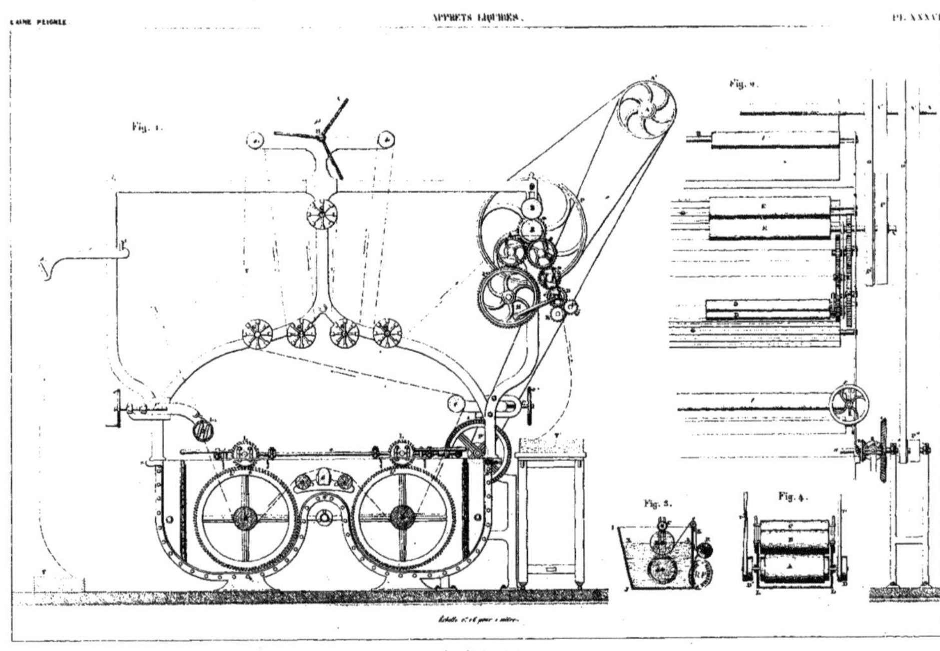
Fig. 1.
Fig. 2.
Fig. 3.
Fig. 4.

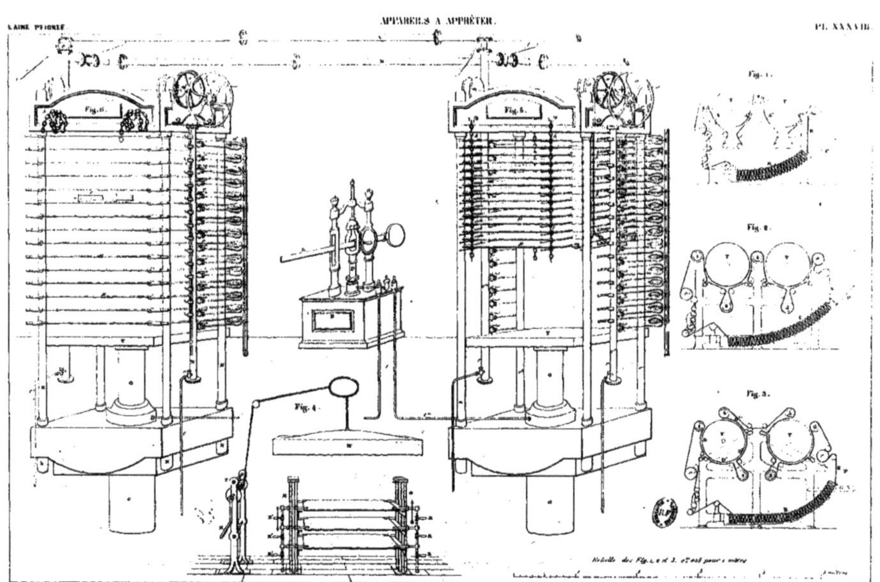
Fig. 1.
Fig. 2.
Fig. 3.
Fig. 4.
Fig. 5.
Fig. 6.

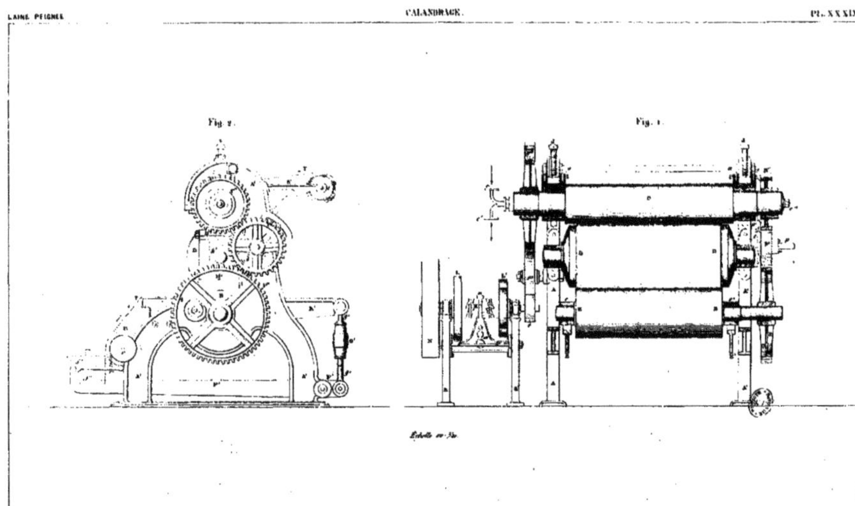
Fig. 2.
Fig. 1.

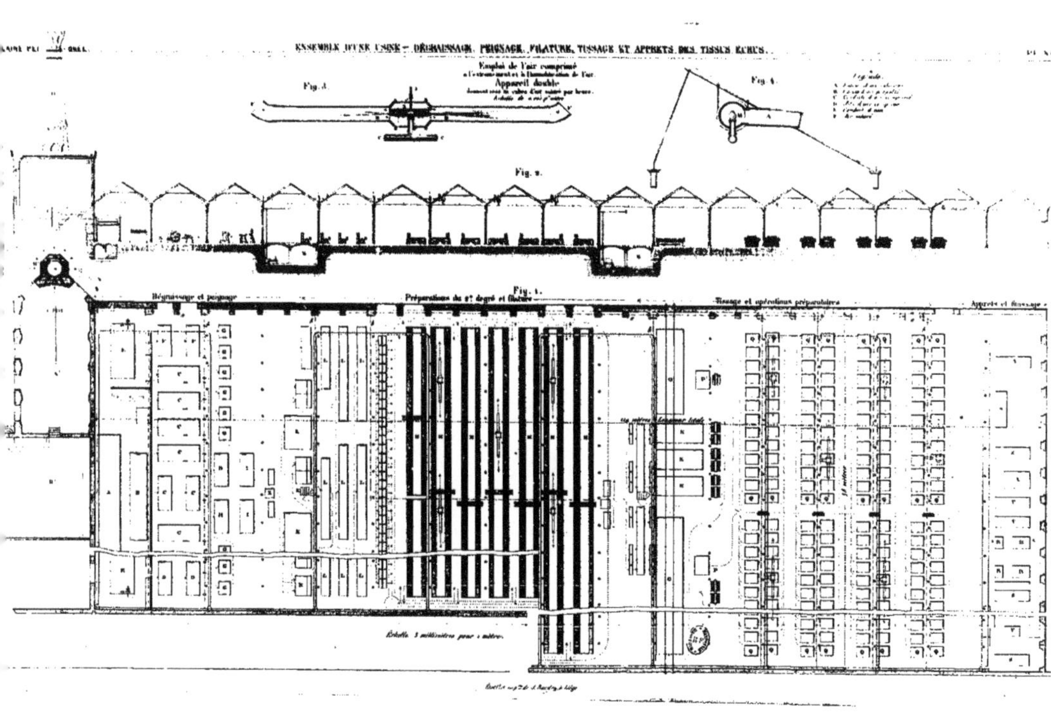

ENSEMBLE D'UNE USINE — DÉGRAISSAGE, PEIGNAGE, FILATURE, TISSAGE ET APPRÊTS DES TISSUS ÉCRUS.
Emploi de l'air comprimé
Appareil double
Fig. 3.
Fig. 4.
Légende.
Fig. 2.
Fig. 1.
Dégraissage et peignage
Préparations du 2e degré et filature
Tissage et opérations préparatoires
Apprêts et finissage
Échelle 3 millimètres pour 1 mètre.

www.ingramcontent.com/pod-product-compliance
Ingram Content Group UK Ltd.
Pitfield, Milton Keynes, MK11 3LW, UK
UKHW012303240726
13966UKWH00004B/1602